# BEI GRIN MACHT SICH IHR WISSEN BEZAHLT

- Wir veröffentlichen Ihre Hausarbeit,
  Bachelor- und Masterarbeit

- Ihr eigenes eBook und Buch -
  weltweit in allen wichtigen Shops

- Verdienen Sie an jedem Verkauf

## Jetzt bei www.GRIN.com hochladen und kostenlos publizieren

Josephin Arend

# Karstphänomene des südlichen Afrikas

GRIN Verlag

**Bibliografische Information der Deutschen Nationalbibliothek:**

Die Deutsche Bibliothek verzeichnet diese Publikation in der Deutschen National-
bibliografie; detaillierte bibliografische Daten sind im Internet über http://dnb.d-
nb.de/ abrufbar.



**Impressum:**

Copyright © 2013 GRIN Verlag GmbH
Druck und Bindung: Books on Demand GmbH, Norderstedt Germany
ISBN: 978-3-656-56963-3

**Dieses Buch bei GRIN:**

http://www.grin.com/de/e-book/266515/karstphaenomene-des-suedlichen-afrikas

Friedrich-Schiller-Universität Jena
Institut für Geographie
Seminar: Physische Geographie I
Sommersemester 2013

# Physische Geographie des südlichen Afrikas

## Karstphänomene des südlichen Afrikas
## Seminararbeit

vorgelegt von:

Josephin Arend

Studiengang: Französisch/Geographie (LAR JM)

Semester: 9/5

Abgabedatum: 11.04.2013

# 1. Einleitung

Geomorphologisch betrachtet stellt unsere Erdoberfläche das Ergebnis reliefbildender Prozesse dar. Eine große Rolle spielt dabei der Verkarstungsprozess. Ungefähr 20 Prozent der gesamten kontinentalen Oberfläche unseres Planeten sind Karstlandschaften (BAIER 2009:o.S.). Somit ist diese Landschaftsform weltweit verbreitet und dementsprechend in Abhängigkeit von der Klimazone in unterschiedlichem Ausmaß auf der Erde ausgebildet (ZEPP 2011:240). Infolgedessen weisen Karstlandschaften eine Vielzahl differenzierter und imposanter Landformen auf. In dieser Arbeit steht jedoch der afrikanische Karst im Mittelpunkt der Untersuchung. Dieser gilt als der am wenigsten erforschte Karst der Welt (LAUMANNS 2002:o.S.).

Ein wichtiges Ziel dieser Arbeit soll sein, die Besonderheit der Karstlandschaft aufzuzeigen. Dabei werden vor allem die Voraussetzungen der Karstbildung näher erläutert. Darüber hinaus werden ausgewählte Regionen des südlichen Afrikas wie beispielsweise die *Tsingy* der Insel Madagaskar, sowie der Kegelkarst des Otavi-Berglandes vorgestellt und deren Besonderheit für den jeweiligen Raum hervorgehoben. Auf Grund der vorgegebenen Rahmenbedingungen habe ich mich auf die zuvor genannten Karstphänomene beschränkt. Eng verbunden mit der Karstterminologie ist auch die Höhlenkunde, welche im letzten Abschnitt der vorliegenden Arbeit thematisiert werden soll. Hierbei wird die Aufmerksamkeit auf drei bedeutende Karsthöhlensysteme Südafrikas gelenkt. Auf Grund ihrer weit verbreiteten kuriosen Tropfsteinbildungen zählen Karsthöhlen zu den imposantesten Höhlen weltweit (LESER 2009:325). Die vorliegende Arbeit kann nicht die gesamte Thematik des Karstes abhandeln, sie soll jedoch einen Überblick über die Theorie der Karstentstehung, sowie die wichtigsten Karstgebiete des südlichen Afrikas geben.


# 2. Die Karstterminologie

Der Terminus „Karst" bezog sich ursprünglich auf eine Kalkgesteinslandschaft, welche im südlichen Slowenien lokalisiert ist, genau gesagt, nordöstlich von Triest. Es handelt sich hierbei um eine Bezeichnung für eine bodenarme, sowie steinige Landschaft Dinariens, ein Gebirge, welches mit dem Namen „Karst" versehen war (LESER 2009:312).

Darüber hinaus beschreibt der Begriff Karst einen geomorphologischen Landschaftstyp näher, welcher Formen aufweist, die in lösungsfähigen Karbonatgesteinen wie zum Beispiel Kalk, Dolomit oder Gips entwickelt sind (LESER 2009:312).

Im Vergleich zu anderen Regionen zeigt die Karstlandschaft eine große Anzahl von Besonderheiten auf (PFEFFER 2010:2). Bekanntlich repräsentiert diese Landschaftsform ein charakteristisches Relief, welches sowohl weltweit, als auch in unterschiedlichen Varianten und Größenordnungen auftritt (ZEPP 2011:240). Des Weiteren zeigen Karstgebiete sehr individuelle hydrologische Gegebenheiten beziehungsweise Zustände auf. Als typisches Merkmal gilt eben der weitgehende Wegfall von oberflächlichem Abfluss innerhalb der Karstgebiete (PFEFFER 2010:2). Die Herausbildung und die besonderen Kennzeichen dieser Landschaftsformen wurden erstmals in den Karstgebieten Sloweniens (slowenisch *Kras*) durch CVIJIC untersucht, der sowohl den Fachausdruck „Karstform" prägte, als auch als Namensgeber einiger Formtypen anzusehen ist (AHNERT 2003:332).

Außerdem sind Karstlandschaften weltweit verbreitet und weisen dementsprechend eine regionale Differenzierung bezüglich ihres Karstformenschatzes auf (STRAHLER 2002:419).


## 3. Die Entstehungsbedingungen von Karst

## 3.1. Der Karst und seine chemischen Voraussetzungen

Grundsätzlich muss ein lösungsfähiges Gestein vorliegen, damit ein Verkarstungsprozess überhaupt stattfinden kann (LESER 2009:312). Darüber hinaus muss die „Wasserwegsamkeit" des Gesteins gewährleistet sein (Zepp 2011:240). Eine weitere Voraussetzung der Karstentwicklung besteht in der Existenz von Wasser (AHNERT 2003:332). Bekanntlich stellt Wasser die Basis der Lösungsprozesse dar.

Allgemein gilt Kalkstein als dicht und wasserundurchlässig. Nur durch die für Kalksteine typischen Klüfte und Spalten wird eine Durchlässigkeit garantiert (LESER 2009:316). In Abhängigkeit von der Anzahl und Größe dieser Klüfte, kommt die weitreichende Differenzierung des Karstformenschatzes zustande.

Ebenso wie Kalk ist auch Dolomit ein weit verbreitetes Gestein. Es handelt sich bei diesem Gestein um ein Calcium-Magnesium-Carbonat, dessen Löslichkeit jedoch unter der des Kalkes liegt. Auf Grund der besonders weiten Verbreitung des Kalkes treten Karsterscheinungen oftmals eher auf dieser Gesteinsart auf (AHNERT 2003:332).

Eine unabdingbare Bedingung für das Karstphänomen ist neben dem Vorkommen von löslichen Gesteinen die unterirdische Entwässerung. Dadurch sind die Hohlformen wasserfrei (PFEFFER 2010:91).

### 3.1.1 Lösungsverwitterung

Die Lösungsverwitterung repräsentiert einen leicht erkennbaren chemischen Verwitterungs-
prozess, der auf der Existenz von Wasser beruht. Doch in der Natur ist reines Wasser selten
aufzufinden, da es neben $H^+$- und $OH^-$ - Ionen oft auch organische und anorganische Säuren
enthält, welche $H^+$ - Ionen liefern (LESER 2009:148). Diese wiederum gehen chemische Reaktionen ein. Somit wird die Lösungswirkung des Wassers durch Anteile an $CO_2$, $SO_2$, $NO_3$
und NaCl im Niederschlag intensiviert. Eine besondere Rolle für die Geomorphologie spielt
dabei die Beteiligung der Kohlensäure $CO_2$, welche im nachfolgenden Kapitel separat betrachtet wird.

Die Lösung des Kalksteins, die mit dem Fachausdruck *Korrosion* versehen ist, wirkt dabei als
formbildender Prozess dieser lösungsfähigen Festgesteine. Doch diese kann nur stattfinden,
wenn der Abfluss, sowie das Sickern des Wassers in größere Tiefen erfolgt (ZEPP 2011:240).
Grundsätzlich besitzen Karstgebiete kaum bzw. keine oberflächliche Entwässerung (AHNERT
2003:332). Infolgedessen sickert das Niederschlagswasser direkt bis ins Grundwasser (LESER
2009:312). Kohlensäurehaltiges Wasser dringt in das Gestein ein und verursacht somit die
Entstehung von Gängen und Hohlräumen. Diese wiederum breiten sich mit der Zeit zu ganzen
Gangsystemen aus. Durch das saure, kalkhaltige Wasser, welches in die Hohlräume eintropft
und gelösten Kalk mit sich führt, entstehen die sogenannten Tropfsteine (SCHORN 2012:o.S.).
Die löslichen Festgesteine Dolomit, Kalkstein ($CaCO_3$) und Gips wurden durch Lösung ver-
ändert und kommen somit an der Oberfläche vor. Sie lösen sich erst beim Vorhandensein von
$CO_2$ in der Bodenluft bzw. im Wasser und wenn genügend Oberflächen als Ansatzstellen für
Reaktionen vorhanden sind. Die Reaktionsgeschwindigkeit der Lösung von Kalk- und Gips-
gesteinen werden durch hohe Temperaturen beschleunigt (Leser 2009:149).


### 3.1.2 Kohlensäureverwitterung

In engem Zusammenhang mit der Lösungsverwitterung steht die Kohlensäureverwitterung.
Diese Art der Verwitterung wird als „Fortführung der Lösungsverwitterung bei der chemischen Gesteinsverwitterung" bezeichnet (LESER 2009:150). Von großer Bedeutung ist bei
dieser Verwitterungsart neben der Existenz von Wasser, als auch dem löslichen Gestein vor
allem das Kohlendioxid. Durch die Lösung des Kohlendioxids bildet sich instabile Kohlensäure (MCKNIGHT 2009:596).

Kalkstein besteht überwiegend aus Calciumcarbonat und gilt somit als besonders anfällig für diese Art der Verwitterung. Es ist durchaus möglich, dass das eigentliche Festgestein durch Kohlensäure völlig aufgelöst werden kann (GOUDIE 1995:273).

Kalkgesteine, die sich aus $CaCO_3$ Ablagerungen bilden, geben die petrographische Basis für Karstgebiete. Dabei spielt die Löslichkeit des $CaCO_3$ eine entscheidende Rolle für die Lösungsvorgänge (PFEFFER 2010:60). Chemisch gesehen reagiert das $CO_2$ der Luft mit dem Wasser. Somit entsteht zum Teil Kohlensäure ($H_2CO_3$). In Verbindung mit $CO_2$ haltigem Wasser tritt eine chemische Reaktion ein, in der sich Calciumcarbonat löst:

$$CaCO_3 + H_2O + CO_2 \longrightarrow Ca^{2+} + 2HCO_3^-$$

Der hier dargestellte Reaktionsablauf besteht aus einzelnen Prozessen und soll verdeutlichen, wie Calciumcarbonat mit Hilfe von Wasser und Kohlendioxid gelöst wird (GOUDIE 1995:273). Durch die Dissoziation der Kohlensäure in $HCO_3^-$ und $H^+$ wird die Lösung des Kalkes ermöglicht (SCHORN 2012:o.S.). Die Entstehung von Gängen und großen Hohlräumen wird durch das Eindringen des kohlensäurehaltigen Wassers in das Gestein verursacht. Mit der Zeit bilden sich riesige Gangsysteme heraus.


## 4. Ausgewählte Karstphänomene im südlichen Afrika

### 4.1 Der Kegelkarst des Otavi-Berglandes

Geologisch betrachtet zählt das im Südwesten Afrikas gelegene Namibia zu den ältesten und speläologisch betrachtet zu den bemerkenswertesten Gebieten der Erde. Überdies sind in der sogenannten Apollo – 11 – Höhle die ältesten Kulturspuren des gesamten Kontinents Afrika nachgewiesen wurden. Aufgrund der Existenz unzähliger Kalkgesteine wird Namibia als beeindruckendes Karstgebiet anerkannt. Zum anderen repräsentiert das Otavi-Bergland eine bedeutende Höhlenregion. Denn dort sind die tiefsten und größten Höhlen des Landes zu verzeichnen. (LINDENMAYR o.J.:o.S.).

Eine klimatisch bedingte Variante des Karstes stellt der Kegelkarst dar. Sein Vorkommen ist auf feuchte, sowie wechselfeuchte Kalkregionen der Tropen beschränkt (ZEPP 2011:248). Typisch für diese Variante des Karstes sind allseitig abgerundete Karstkegel oder Kuppen. Die Ausbildung dieses Karsttyps äußert sich in der Bildung von Schlucklöchern (ZEPP 2011:248). Durch intensive Korrosionsvorgänge werden tiefe Hohlformen hervorgerufen. Die

Kuppen, die sich dazwischen befinden, bleiben weiterhin erhalten. Bekanntlich weisen diese Hohlformen einen Grundriss auf, der einem Stern ähnlich ist, jedoch nach innen gewölbte Begrenzungslinien aufzeigt (GEODZ 2010:o.S.).


## 4.2 Die Tsingy – „steinerne Wüste"

Die als „Tsingy" benannte Gesteinsformation repräsentiert eine geologische Besonderheit der Insel Madagaskar. Es handelt sich hierbei um ein markantes, eher vegetationsloses Gebiet. Aufgrund der messerscharfen, eng nebeneinander stehenden Oberflächenstrukturen, die nach oben hin dünn bis spitz erscheinen und eine Höhe von bis zu 20 Metern erreichen können, erscheint das Gebiet als geradezu lebensfeindlich (SCHORN 2012:o.S.).

Passend erscheint der Name dieser Landschaft, der im Madagassischen „auf den Zehenspitzen gehen" oder „wo man nicht barfuß laufen kann" bedeutet (SCHORN 2012:o.S.).

In Millionen von Jahren hat dort ein Prozess aus Erosion und Verwitterung diese sehr spitzen und außergewöhnlichen Formen hervorgebracht, die auf der nachfolgenden Abbildung deutlich zu erkennen sind.

Abb. 1: Die Tsingy der Insel Madagaskar

(Quelle: http://www.svijetokonas.net/zanimljivosti-iz-prirode/cudesna-priroda/podrucje-tsingy-madagaskar/).


Weltbekannt ist zum einen das *Bemaraha-Massiv* (Tsingy de Bemaraha), welches im Westen der Insel lokalisiert ist. Dort wurden seit 1992 ca. 181 Höhlen lokalisiert, wovon 27 eine Länge von über einem Kilometer aufweisen. Zum anderen befindet sich im Norden der Insel das sogenannte *Ankarana-Massiv* (Tsingy de Ankarana), welches ebenso ein beeindruckendes Höhlengebiet darstellt. Bei beiden handelt es sich um großflächige Karstgebiete (KEMPE, S. & ROSENDAHL, W. 2008:37).

## 5. Verborgene Welten – Karsthöhlenverbreitung des südlichen Afrikas

In Regionen mit Karsterscheinungen fließt viel Wasser entlang von Spalten, Klüften oder in Höhlen. Daher ist dort auch nur ein geringer Oberflächenabfluss zu verzeichnen (GOUDIE 1995:275). Entlang dieser Gesteinsklüfte werden infolge einer fortschreitenden Lösungsverwitterung und somit durch die Erweiterung dieser Spalten Höhlen hervorgerufen (GOUDIE 1995:276). Geographisch betrachtet werden Höhlen als „miteinander verbundene unterirdische Hohlräume im Kalkstein" definiert, „die durch im Grund-wasser gelöste Kohlensäure gebildet werden" (STRAHLER 2002:417f.).

Bei der Herausbildung von Höhlen werden zwei verschiedene Entwicklungsarten unterschieden. Zum einen existieren die *phreatischen Höhlen*, die sich unterhalb der Wasseroberfläche bilden. Zum anderen gibt es auch Höhlen, die sich oberhalb der Wasseroberfläche entwickeln, die so genannten *vadosen Höhlen* (Goudie 1995:276).

Die stark verzweigten Karsthöhlen werden den unterirdischen Karsterscheinungen zugeordnet. Typisch für solche Ausprägungen sind eben das unterirdische Fließen der Gewässer und Karstquellen, welche unter Druck ausströmen (SCHORN 2012:o.S.).

Im Folgenden werden einige ausgewählte Höhlensysteme des südlichen Afrikas wie die *Echo Cave*, die *Sudwala Höhlen* in Mpumalanga, sowie das *Sterkfontein Höhlensystem* näher betrachtet.

In der nachfolgenden Grafik sind die Standorte verschiedener Kalktuffvorkommen bzw. die damit eng in Verbindung stehenden Karsthöhlen dargestellt, die sich im südlichen Afrika befinden. Hierbei ist besonders auffällig, dass der Großteil der Karsthöhlenverbreitung an mehreren gezielten Regionen des südlichen Kontinentes vorzufinden ist.

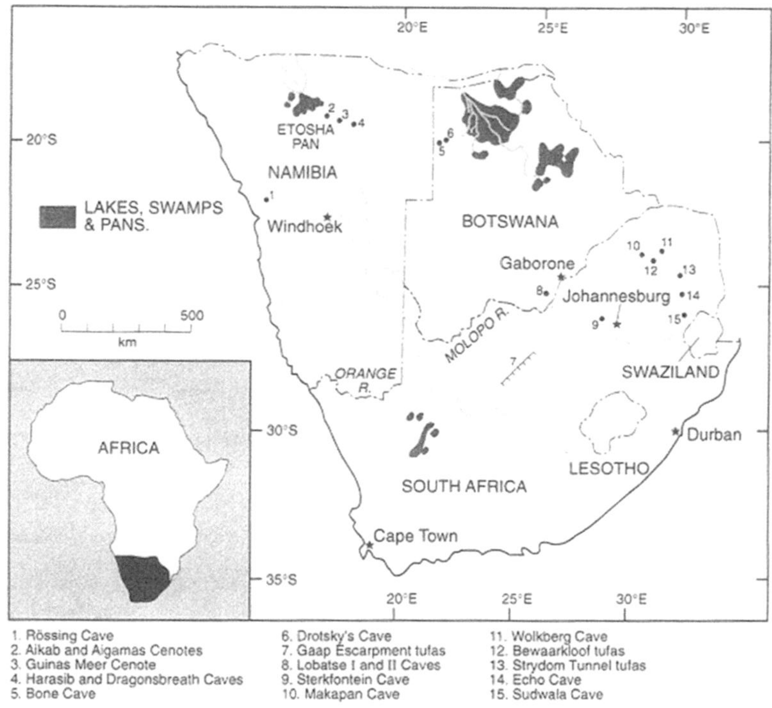


Abb. 2: Location of cave and tufa sites in south Africa

(Quelle: Brook, G.A., J.B. Cowart, S.A. Brandt & L. Scott 1997:18)


## 5.1 Die Echo Caves

Diese Höhlen sind direkt an der Panorama Route zwischen Limpopo und Mpumalanga zu finden. Im Inneren der Höhlen treten dem Besucher atemberaubende Felsen entgegen. Zahlreiche Stalagmiten, sowie Stalaktiten sind hier zu bewundern. (SÜDAFRIKA24 o.J.:o.S.). Daher werden die Echo Caves auch als „eine der schönsten Perlen der Natur" bezeichnet (REISEINFO-SÜDAFRIKA 2013:o.S.).

Der Name Echo Cave ist auf dessen einzigartigen Klang zurückzuführen. Bekanntermaßen ist das Echo auch noch außerhalb der Tropfsteinhöhle zu hören. Hier begeistern einen die bizarren Formen und Strukturen, die sich über viele Jahre aus Kalkstein und Tropfstein gebildet haben. Als Besucher taucht man hier in eine fremde Welt (REISEINFO-SÜDAFRIKA 2013:o.S.).

## 5.2 Die Sudwala Höhlen in Mpumalanga

Die Sudwala Höhlen werden als Höhlensystem in Südafrika bezeichnet. Das weiträumige Höhlensystem der Sudwala Caves erstreckt sich auf einer Länge von ungefähr 30 Kilometern, wobei jedoch nur 600 Meter zugänglich sind. Die weit verzweigten Höhlensysteme sind rund 37 Kilometer nordwestlich von Nelspruit zu finden (SOUTHERN DOMAIN CC 2010: o.S.). Eine Legende besagt jedoch, dass sich dieses Höhlensystem weit über 40 Kilometer unter den Bergen erstreckt und kein Ende in Sicht ist. In Millionen von Jahren ist hier eine Welt aus riesigen Kammern mit Stalagmiten und Stalaktiten entstanden. Des Weiteren ist in diesen Höhlen die größte Dolomit-Kammer der Welt lokalisiert (REISEINFO-SÜDAFRIKA 2013:o.S.).


## 5.3 Das Sterkfontein Höhlensystem

Zu einem der wichtigsten Gebiete mit Karstformen im südlichen Afrika ist die Region um Johannisburg zu benennen. Das System der Sterkfontein Cave, welches 50 km nordwestlich von Johannisburg und 1 km südlich des Bloudbank River verortet ist, zählt zu einem besonderen Tourismusmagneten Südafrikas (HORNY 2007). Die um 1896 entdeckten, faszinierenden Tropfsteinhöhlen repräsentieren ein Labyrinth mehrerer verbundener Höhlen, die über eine lange Zeit durch unterirdisch fließendes Wasser entstanden (HEIDENREICH 2013).

Die Sterkfontein-Höhlen wurden aufgrund ihrer Frühmenschenfunde in die Liste des Weltkulturerbes aufgenommen. Besonders die ca. 5,3 km langen Cango Caves, die in Oudtshoorn verortet sind, bilden einen bedeutsamen Ausflugsort für Touristen (KEMPE, S. & ROSENDAHL, W. 2008:37).

Man bekommt als Besucher die Chance, die beeindruckenden, sich über viele Jahre gebildeten Stalagmiten und Stalaktiten zu bestaunen. Erwähnenswert ist hierbei die größte Kammer, namens „Hall of Elephants", welche sich auf einer Länge von 91 Metern und einer Höhe von 23 Meter erstreckt (REISEINFO-SÜDAFRIKA 2013:o.S.).


## 6. Zusammenfassung

Die vorliegende Ausarbeitung beschäftigte sich mit dem Phänomen *Karst*, wobei jedoch speziell die bizarren Gesteinsformationen des südlichen Afrikas betrachtet wurden. Zunächst einmal wurde eine konkrete Definition gegeben, was der Terminus *Karst* überhaupt bedeutet und welche Faktoren seine Entstehung hervorrufen. Allgemein lässt sich schlussfolgern, dass sich diese Landschaftsform in Gebieten mit chemisch angreifbaren Gesteinen bildet, wozu besonders Kalk zu zählen ist (SZÖNYI 2006:86). Außerdem ist auch der Einfluss von Lösungsvorgängen auf Landschaften erkennbar. Denn bei allen Gesteinen stellen Lösungsvorgänge wichtige Verwitterungs- und Erosionsprozesse dar. Auch der Verkarstungsprozess von Kalk und Dolomit basiert auf der zuvor beschriebenen Lösungsverwitterung.

Anhand konkreter Beispiele aus einigen ausgewählten Regionen des südafrikanischen Kontinents wurde die Besonderheit der Karsterscheinung verdeutlicht. Dabei wurde die Einzigartigkeit der beschriebenen Karstformen und -höhlen dieser Regionen hervorgehoben.

Als bedeutsame Karstphänomene des südlichen Afrikas wurden in dieser Arbeit zum einen der *Kegelkarst des Otavi-Berglandes* in Namibia und zum anderen die *Tsingy* der Insel Madagaskar näher beleuchtet. Beide gelten als urzeitliche, imposante Naturerscheinungen, die sich durch die für Karstgebiete typische Kohlensäureverwitterung gebildet haben.

Im Zusammenhang mit der Karstformentstehung steht die Entwicklung großer Höhlensysteme, da bei dem einen, als auch bei dem anderen Phänomen Lösungsprozesse stattfinden, „die sich an der Wasserwegsamkeit des Gesteins orientieren" (LESER 2009:325). Doch so eindrucksvoll die dargestellten Karstgebiete auch erscheinen, so weisen auch die äußerlich nicht sichtbaren Karsthöhlen einen besonders vielfältigen Formenschatz auf.

Die vorliegende Arbeit kann nicht die gesamte Thematik des Karstes abhandeln, sie soll jedoch einen Überblick über die Theorie der Karstentstehung, sowie die wichtigsten Karstgebiete des südlichen Afrikas geben.

# Literatur

AHNERT, F. (2003[3]): Einführung in die Geomorphologie. Stuttgart: Ulmer.

BAIER, A. (2009): Die Verkarstung, <http://www.angewandte-geologie.geol.uni-erlangen.de/verkarst.htm> (Stand: 2009-02-29) (Zugriff: 2013-04-03).

BÖGLI, A. (1978): Karsthydrographie und physische Speläologie. Berlin: Springer.

BRINKMANN, R. (Hrsg.) (1974): Lehrbuch der Allgemeinen Geologie. Stuttgart: Ferdinand Enke Verlag.

BROOK, G.A., J.B. COWART, S.A. BRANDT & L. SCOTT (1997): Quaternary climatic change in southern and eastern Africa during the last 300 ka: the evidence from caves in Somalia and the Transversaal region of South Africa. In: Williams, P.W. (Hrsg.): Zeitschrift für Geomorphologie. Tropical and Subtropical Karst- essays dedicated to the memory of Dr. Marjorie Sweeting. Band 108. Stuttgart: Borntraeger, 15–48.

EITEL, B. & W. D. BLÜMEL (1997): Gesteinsverwitterung durch Calciumcarbonat: Beispiele aus Namibia. – In: Würzburger Geographische Arbeiten 92, Würzburg, 253–268.

GEODZ (2010). Das Lexikon der Erde, <http://www.geodz.com/deu/d/Kegelkarst> (Stand: 2010) (Zugriff: 2013-04-02).

GOUDIE, A. (1995): Physische Geographie. Eine Einführung. Heidelberg. Spektrum Akademischer Verlag.

HEIDENREICH, M. (2013): Sterkfontein Caces <http://www.afrika-reisefuerer.de/suedafrika/html/sterkfontein caves.html> (Stand: 2013) (Zugriff: 2013-04-04).

HORNY, T. (2007): Sterkfontein Caves: Die Wiege der Menschheit, <http://www.focus.de/reisen/suedafrika/tid-7632/johannisburg_aid_135456.html>

(Stand: 2007-10-22) (Zugriff: 2013-04-04).

KEMPE, S. & W. ROSENDAHL (Hrsg.) (2008): Höhlen: Verborgene Welten. Darmstadt: Wissenschaftliche Buchgesellschaft.

LAUMANNS, M. (2002): Atlas of the Great Caves and the Karst of Africa. Berliner Höhlenkundliche Berichte, Band 7 – 9 <http://www.speleo-berlin.de/de_ publikationen.php> (Stand: 2002) (Zugriff: 2013-04-01).

LESER, H. (2009$^9$): Geomorphologie. Braunschweig: Westermann Verlag.

LINDENMAYR, F. (o.J.): Landschaft und Höhlen in Namibia, <http://www.lochstein.de/hoehlen /afrika/namibia/namibia.htm> (Stand: o.J.) (Zugriff: 2013-04-03).

McKNIGHT, T. & D. HESS (2009$^9$): Physische Geographie. München: Pearson Studium.

MURAWSKI, H. & W. MEYER (2010$^{12}$): Geologisches Wörterbuch, Heidelberg: Spektrum Akademischer Verlag.

PFEFFER, K.-H. (2010): Karst: Entstehung – Phänomene – Nutzung. Stuttgart: Borntraeger.

REISEINFO-SÜDAFRIKA (2013): Echo Caves – eine der schönsten Perlen der Natur, <http://www.reiseinfo-suedafrika.de/echo-caves-eine-der-schoensten-perlen-der-Natur/> (Stand: 2013) (Zugriff: 2013-04-02).

SCHORN, S. (2012): Die schönsten Monumente der Verwitterung, <http://www.mineralien-atlas.de/lexikon/index.php/Geologisches%20Portrait/Verwitterung%20und%20Erosio n/Die%20sch%C3%B6nsten%20Monumente%20der%20Verwitterung> (Stand: 2012) (Zugriff: 2013-04-04).

SCHORN, S. (2012): Karst, <http://www.mineralienatlas.de/lexikon/index.php/Karst> (Stand: 2012) (Zugriff: 2013-04-04).

STRAHLER, A. H. & A. N. STRAHLER (2002$^2$): Physische Geographie. Stuttgart: Ulmer.

SOUTHERN DOMAIN CC (2010): Die Sudwala Höhlen in Mpumalanga, <http://www.suedafrika

.net/reisefuehrer/reiseziel-suedafrika-nordost/mpumalanga/sudwala-caves.html>

(Stand: 2010) (Zugriff: 2013-04-02).

SÜDAFRIKA24 (o.J.): Echo Cave an der Panorama Route Südafrika, <http://www.suedafrika24

info/Echo-Caves-an-der-Panorama-Route-Suedafrika.html> (Stand:o.J.) (Zugriff:

2013-04-03).

SZÖNYI, M. (2006): Studienlexikon Geowissenschaften. Zürich: vdf Hochschulverlag AG.

ZEPP, H. (2011[5]): Geomorphologie. Paderborn: Schöningh.

# Abbildungsverzeichnis